幸福兔和羊羊的

羊毛氈日記 1 Day

浪漫遊星空之旅

送喜歡的人
親手做的
禮物

是一種
幸福！

★ 附五款原尺寸版型！

★ 活潑生動的故事劇情
搭配簡單易懂的教學
輕鬆製作可愛療癒的
羊毛氈作品！！

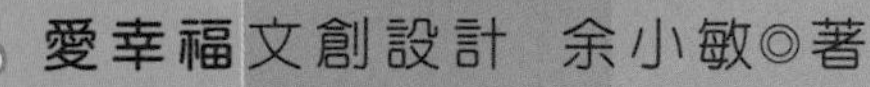
愛幸福文創設計　余小敏◎著

羊毛氈介紹

羊毛氈是以專用的戳針、反覆戳刺羊毛讓羊毛纖維互相纏繞打結而變硬、戳刺的次數越多作品越紮實、次數少則較為蓬鬆、只要依循這個原理、瞭解羊毛特性就能製作出許多紓壓、可愛又療癒的作品呦！

愛幸福羊毛

準備工具

羊毛氈專用戳針/粗/中/細各一

針頭有鋸齒倒勾設計的專用戳針。

粗針 可快速固定羊毛的基本針、戳完效果較粗獷、戳痕較明顯需搭配中針、細針修整。

中針 可快速固定羊毛但戳痕較明顯需搭配細針修整戳痕。

細針 留下的戳痕較小、主要用於細節及完成前的精緻化作業。

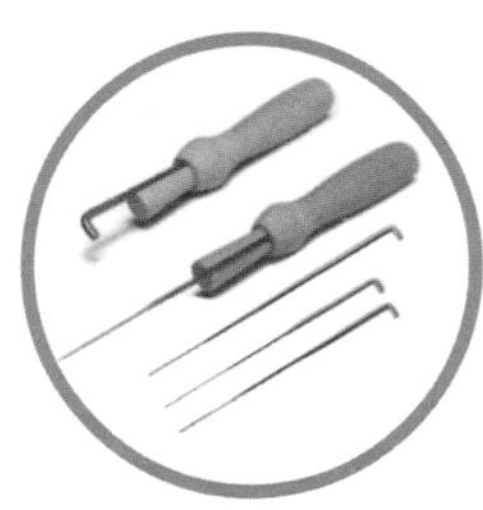

羊毛氈專用
木製單針握柄

羊毛氈專用三針握柄

可加快三倍針氈速度、戳完的地方較緊實。

羊毛氈專用五針握柄

可加快五倍針氈速度、戳完的地方較平整蓬鬆、針的周圍透明壓克力設計、可保護手指被針戳傷。

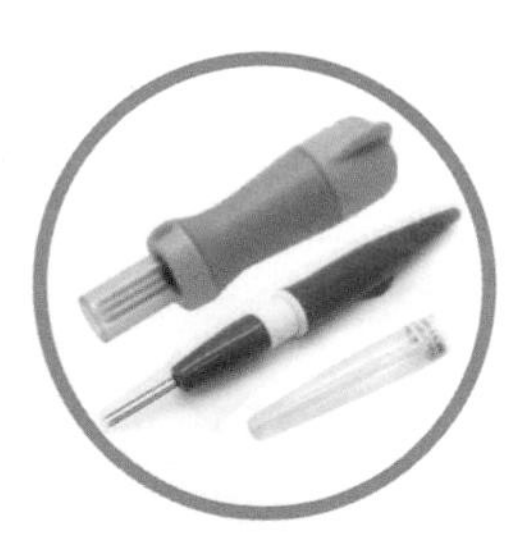

羊毛氈專用
三針/五針握柄

羊毛氈專用
高密度工作墊

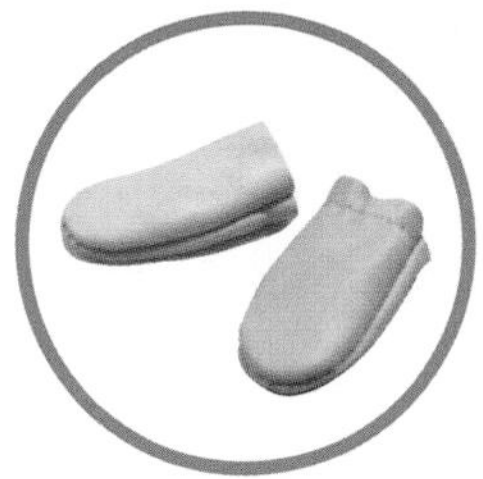

羊毛氈專用指套

熱融膠

手工藝用剪刀

羊毛氈專用高密度專用工作墊
針氈羊毛時、用來墊在下方的工作墊、可以均衡下刺的力度並可保護針頭損壞變形。

手工藝用剪刀
裁剪羊毛修飾成品時使用。

羊毛氈專用指套
進行戳氈作業時、用來保護手指的指套。

購買方式

愛幸福文創設計
地址 新北市板橋區合宜一路63號1樓
電話 (02)2964-9675
Line ID:@053rsfmf

小熊媽媽DIY
地址 台北市大同區重慶北路一段30號B1

愛幸福文創

小熊媽媽

／製作幸福兔需要羊毛的份量（可自行更換成喜歡的顏色）

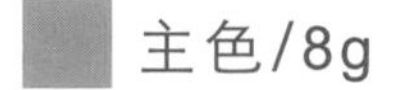

主色/8g　白色/少量　黑色/少量　配色/少量

／製作頭部

頭
（正面）

頭
（側面）

版型比例為1:1
製作時請反覆比對。

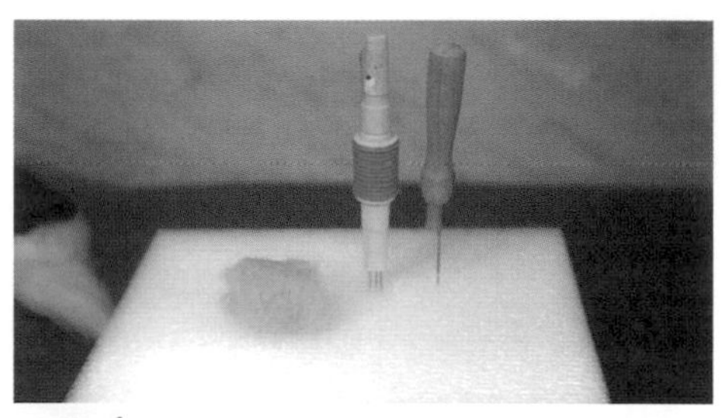

1/ 對照頭部版型的長度撕取所需要的羊毛。2/ 將羊毛捲到比1:1版型略大一點。

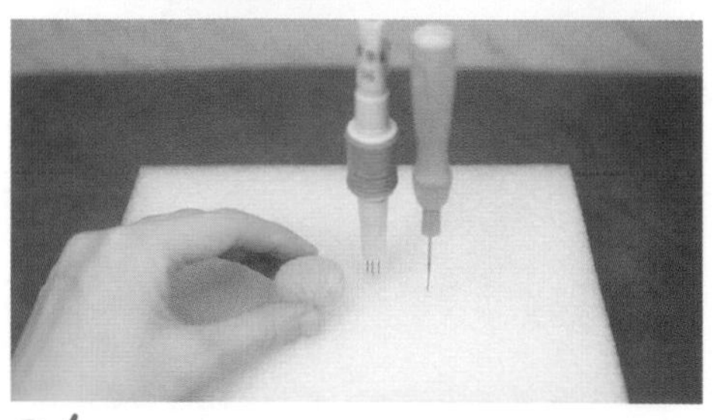

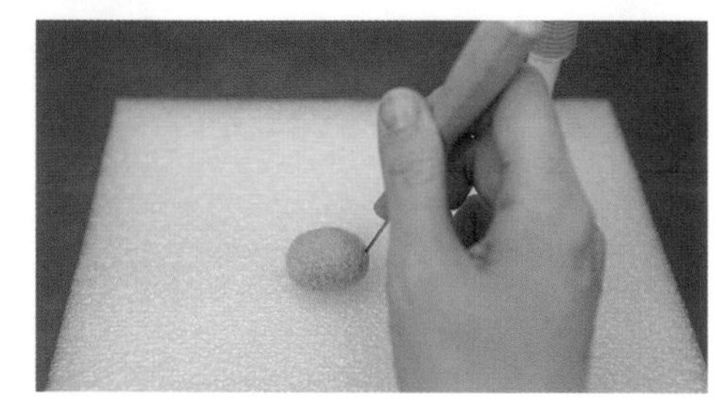

3/ 不斷翻轉羊毛同時不斷戳刺、製作時請反覆比對1:1比例版型、若偏小則再加羊毛繼續戳大。4/ 最後形成一個緊實的球體。

/製作耳朵

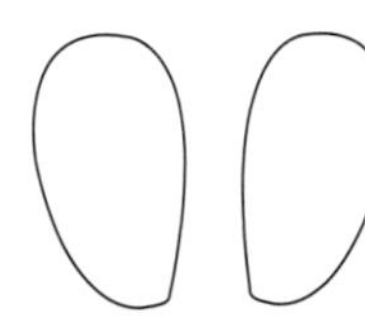

耳朵(2個)
正面&側面
厚度相同

版型比例為1:1
製作時請反覆比對。

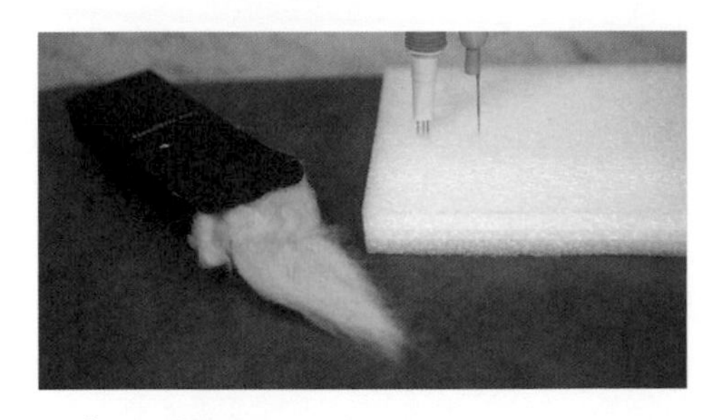

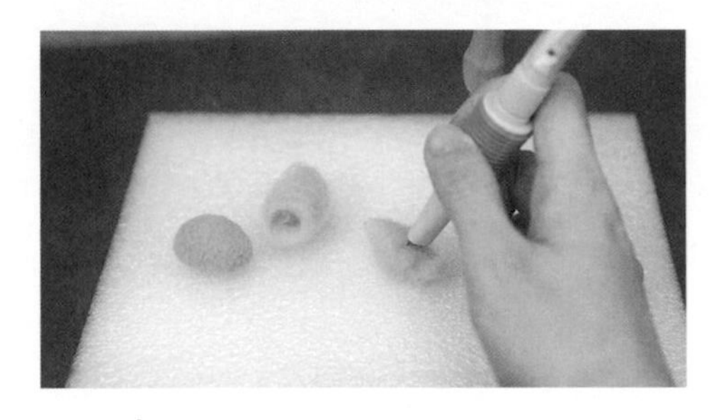

1/ 對照耳朵版型的長度撕取所需要的羊毛。 2/ 將羊毛捲到比1:1版型略大一點。
3/ 不斷翻轉羊毛同時不斷戳刺、製作時請反覆比對1:1比例版型、若偏小則再加羊毛繼續戳大。

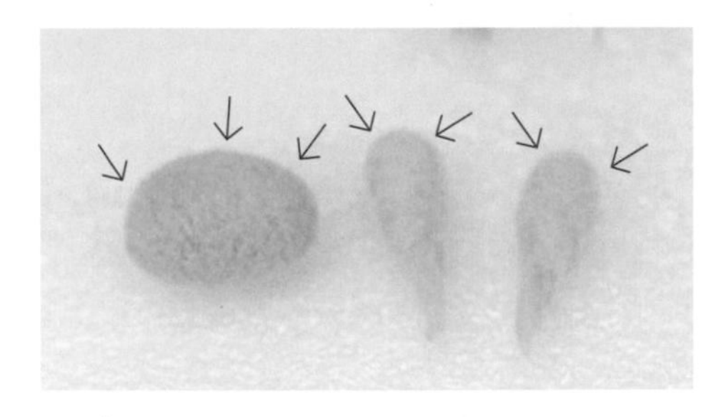

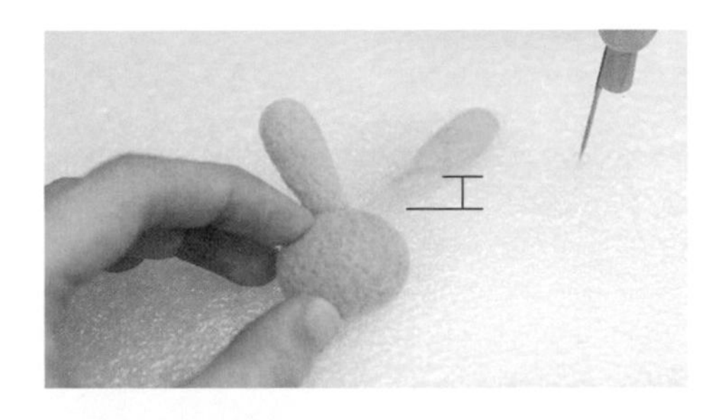

4/ 細節部分使用細針戳刺、戳刺方向需照著弧度方向、同時邊戳邊捏、像捏黏土一樣塑型、趁羊毛彭起來前趕緊用戳針戳刺固定形狀。

5/ 留一截羊毛不要戳、等與頭部接合時戳。

接合頭部與耳朵

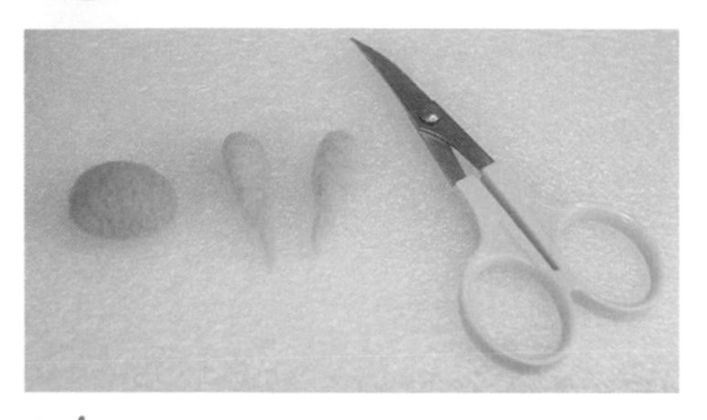

1/ 使用小剪刀將多餘細毛修剪掉。

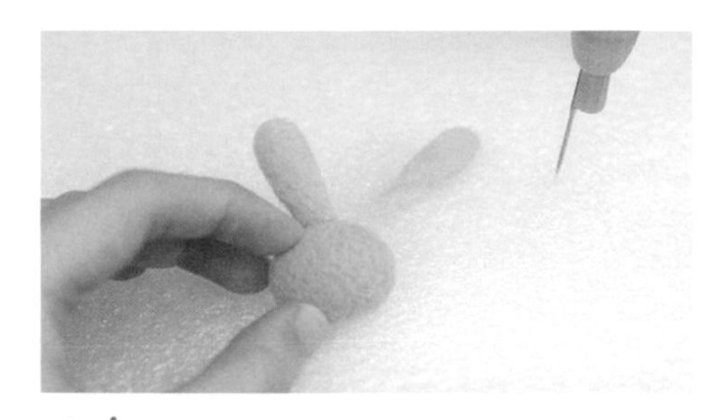

2/ 參照成品圖將耳朵對準與頭部的接合處固定。

製作臉部

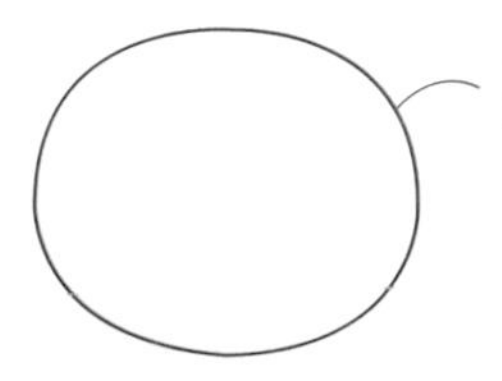

厚2mm

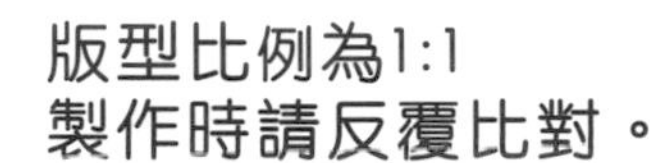

版型比例為1:1
製作時請反覆比對。

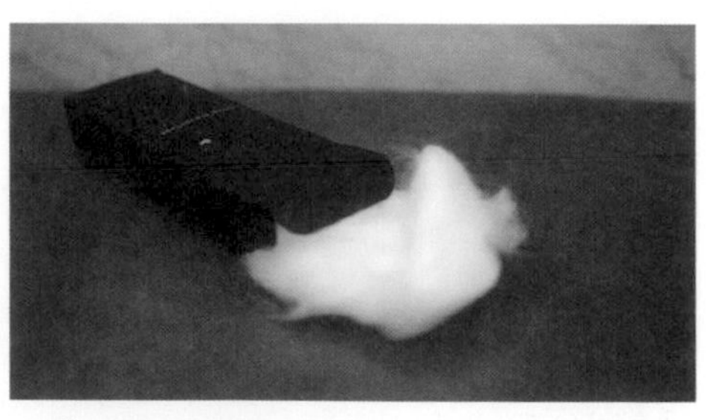

1/ 對照臉部版型的長度撕取所需要的羊毛、放在工作墊上輕輕戳出臉部形狀。

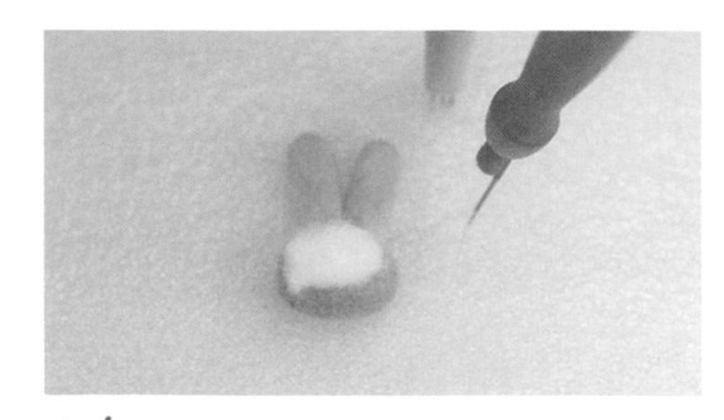

2/ 將戳好的臉部放在頭部上接合、使用細針修臉型、可適量加上羊毛修型。

加上眼睛和鼻子

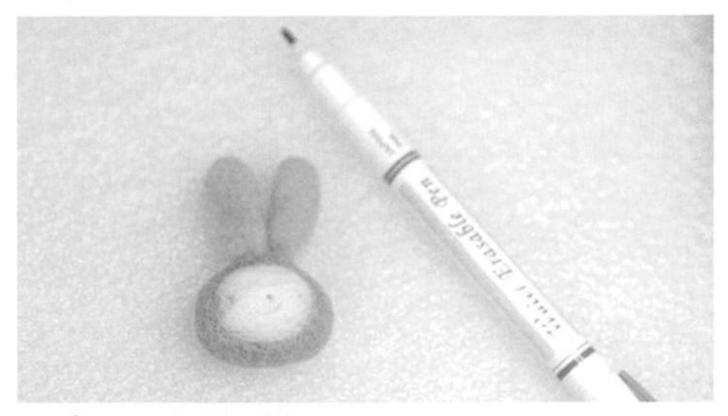

1/ 使用記號筆畫出眼睛鼻子位置。

2/ 取少量黑色羊毛、放在工作墊上輕輕戳出眼睛鼻子形狀。

3/ 將黑色羊毛、以手指捻成細線。

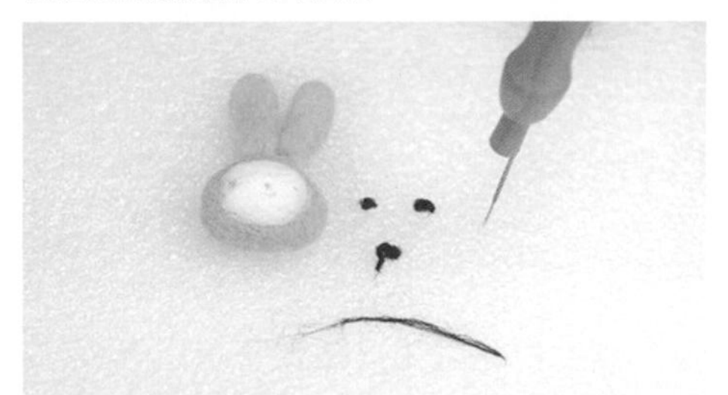

4/ 準備好眼睛、鼻子、嘴巴並將眼睛鼻子戳刺在記號上。

5/ 將準備好的細線、放在鼻頭與嘴部的位置使用細針戳刺固定、做出兔子的人中、可使用剪刀剪掉多餘的細線。

6/ 以相同作法做出下嘴線、嘴角兩端較細。

身體製作

身體

左手　右手　左手　左手

版型比例為1:1
製作時請反覆比對。

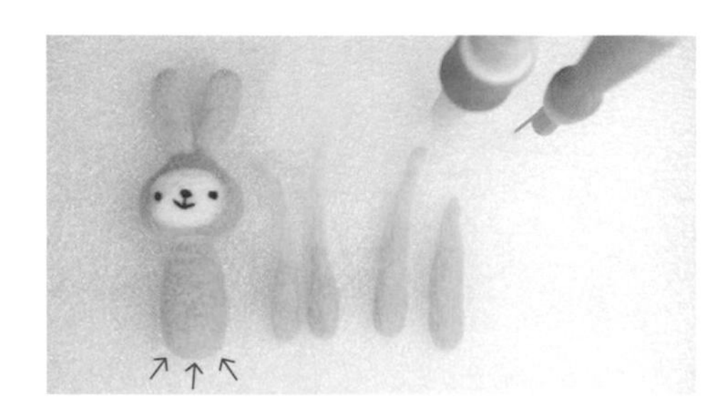

1/ 對照身體版型的長度撕取所需要的羊毛。 2/ 將羊毛捲到比1:1版型略大一點。
3/ 不斷翻轉羊毛同時不斷戳刺、製作時請反覆比對1:1比例版型、若偏小則再加羊毛繼續戳大。4/ 細節部分使用細針戳刺、戳刺方向需照著弧度方向、同時邊戳邊捏、像捏黏土一樣塑型、趁羊毛彭起來前趕緊用戳針戳刺固定形狀。

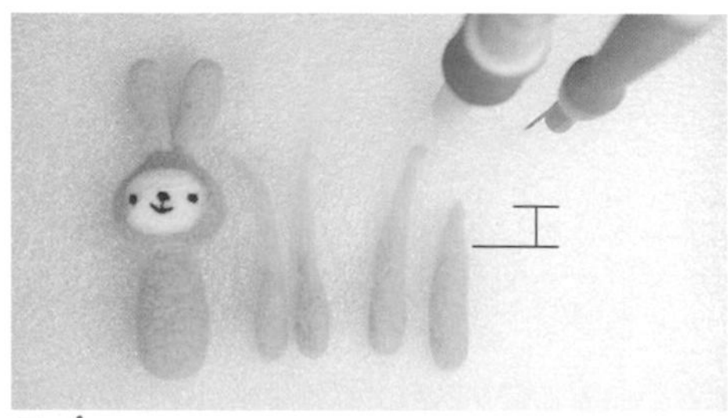

5/ 留一截羊毛不要戳、等與頭部接合時戳。

6/ 將頭與身體接合。

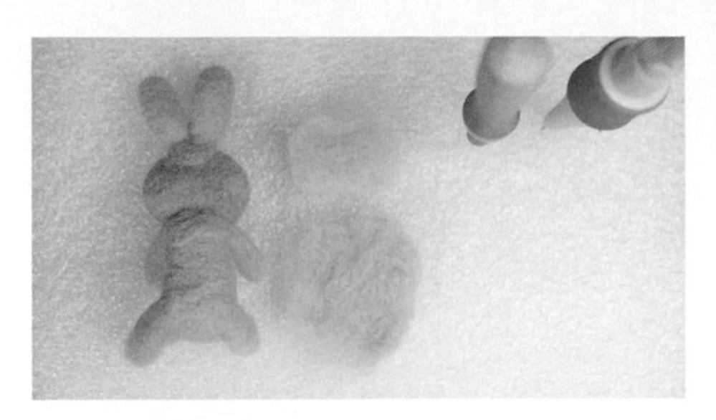

7/ 戳薄薄一片羊毛蓋住接合處凹凸不平地方、羊毛片邊緣不要戳刺、這樣接合時才會自然、修整接合線、羊毛片可多加幾片直到理想中身型出現。

加上腮紅

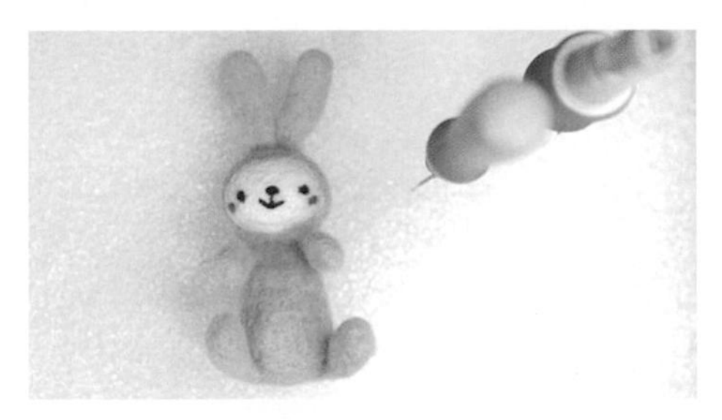

1/ 將粉紅色羊毛、以手指捻成圓球、參照成品圖將腮紅對準接合處固定。

加上草莓牛奶白點點杯子

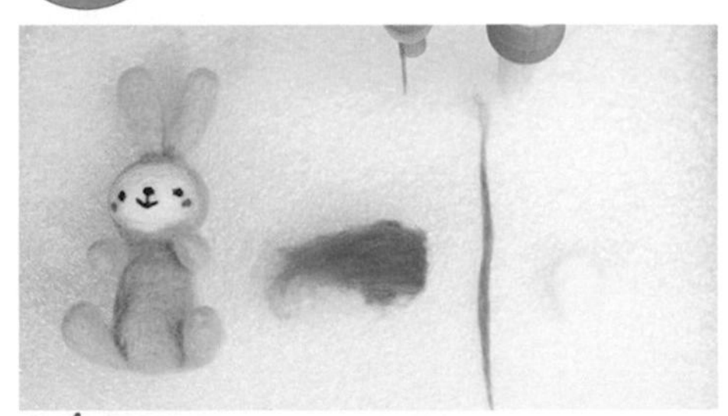
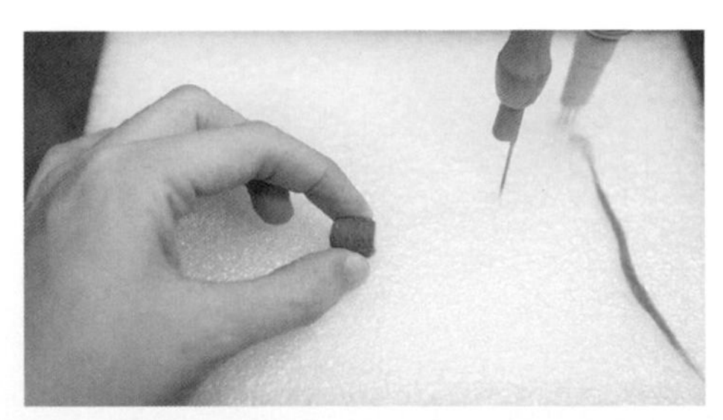

1/ 將粉紅色羊毛、捲成杯子形狀、一開始使用三針戳針戳刺、細節換成細針戳。

2/ 將白色羊毛用手戳成小圓球、戳刺在杯身處。3/ 戳一片白色圓形羊毛在杯口處製作奶泡。4/ 將桃紅色羊毛用手戳成長條線、螺旋狀戳刺在杯子口上製作草莓漩渦。

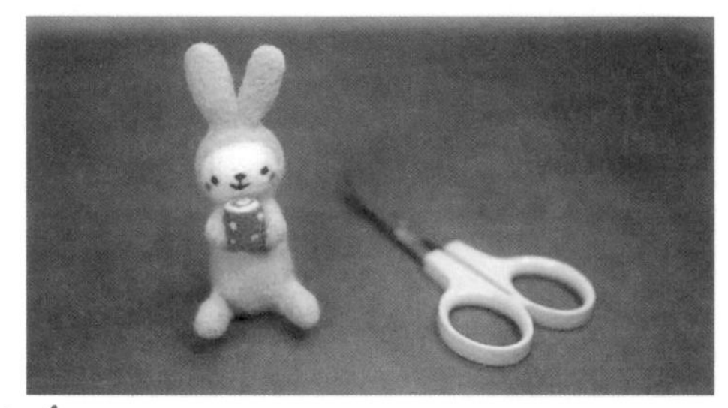

5/ 使用熱融槍將杯子黏在兔子雙手中。6/ 使用小剪刀、剪掉多餘的小細毛、愛喝草莓牛奶的幸福兔完成囉!!

幸福兔正面

幸福兔右面

幸福兔背面

幸福兔左面

/製作幸福羊羊需要羊毛的份量

主色/8g　白色/少量　黑色/少量　配色/少量

/製作頭部

頭
(正面)

頭
(側面)

版型比例為1:1
製作時請反覆比對。

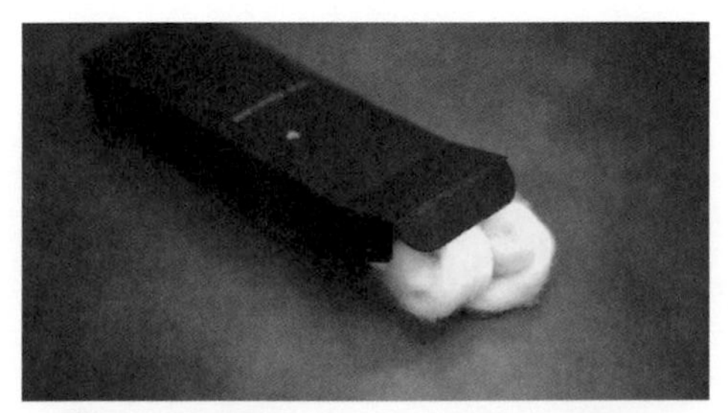

1/ 對照頭部版型的長度撕取所需要的羊毛。2/ 將羊毛捲到比1:1版型略大一點。

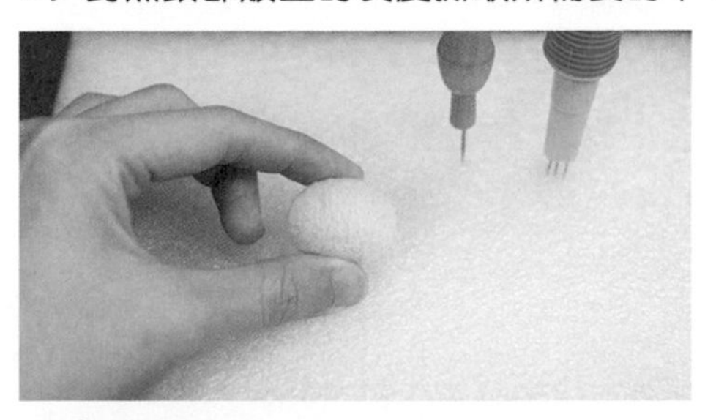

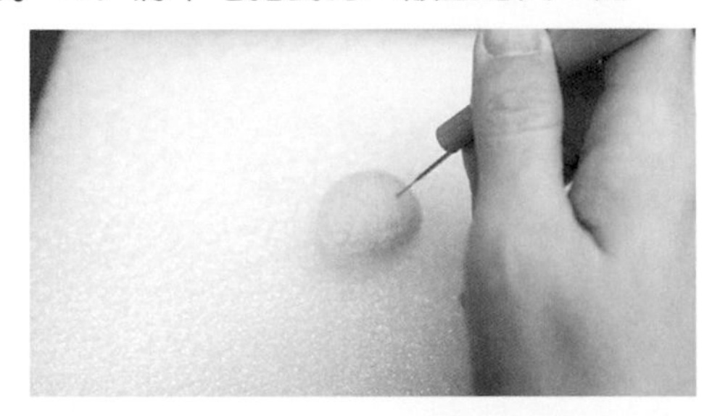

3/ 不斷翻轉羊毛同時不斷戳刺、製作時請反覆比對1:1比例版型、若偏小則再加羊毛繼續戳大。4/ 最後形成一個緊實的球體。

製作臉部

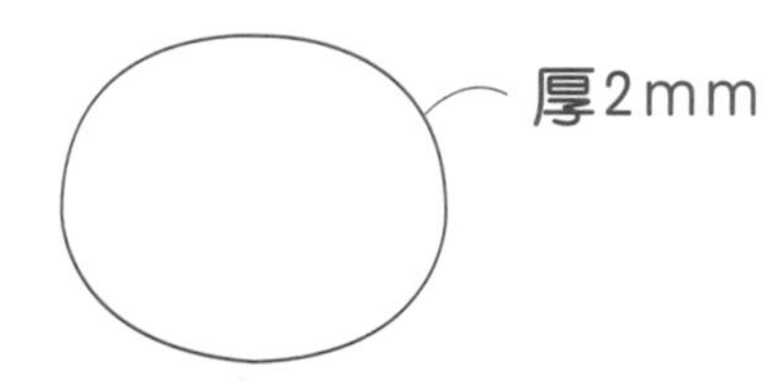

版型比例為1:1
製作時請反覆比對。

1/ 對照臉部版型的長度、撕取所需要的羊毛。

2/ 放在工作墊上輕輕戳出臉部形狀。

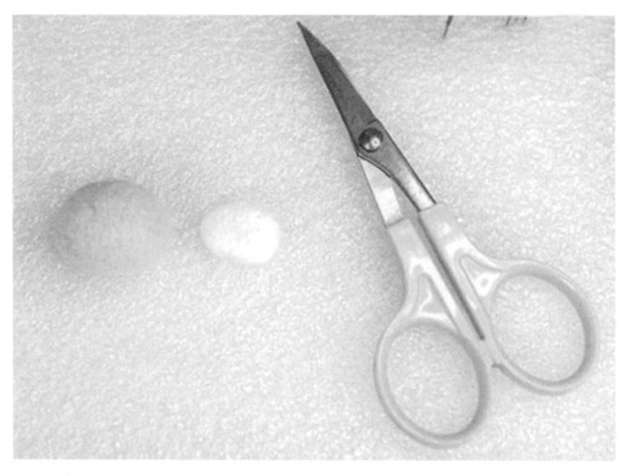

3/ 使用小剪刀修剪多餘的小細毛。

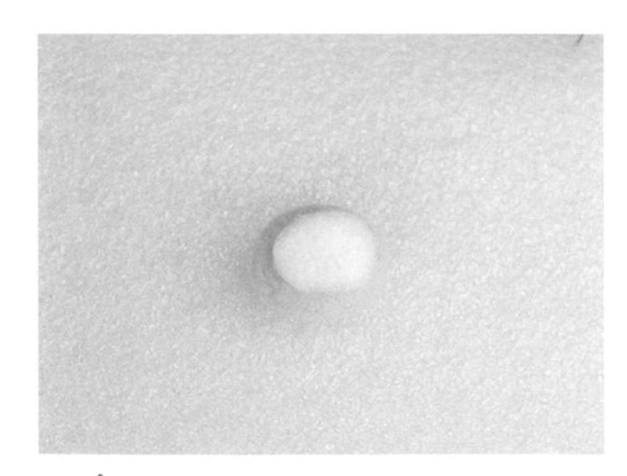

4/ 將戳好的臉部放在頭部上接合、使用細針修臉型、可適量加上羊毛修型。

加上眼睛和鼻子

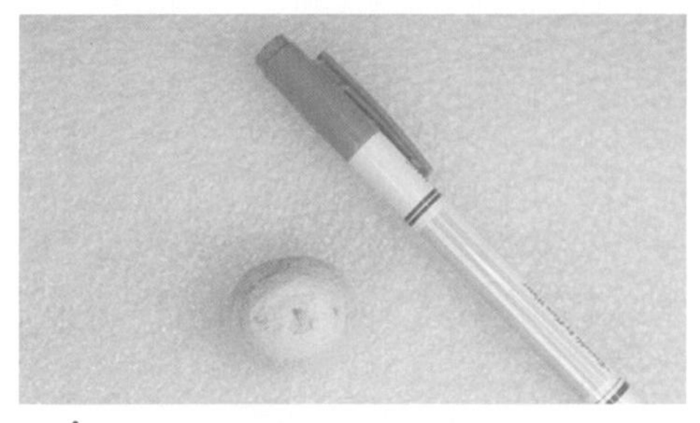

1/ 使用記號筆畫出眼睛鼻子位置。

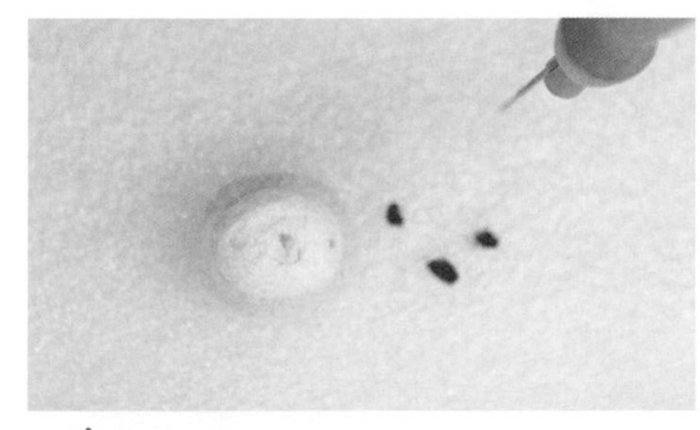

2/ 取少量黑色羊毛、放在工作墊上輕輕戳出眼睛、鼻子形狀。

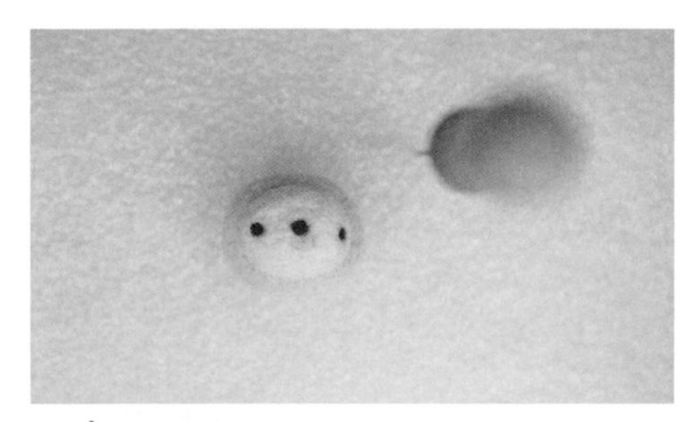

3/ 準備好眼睛、鼻子並將戳刺在記號上。

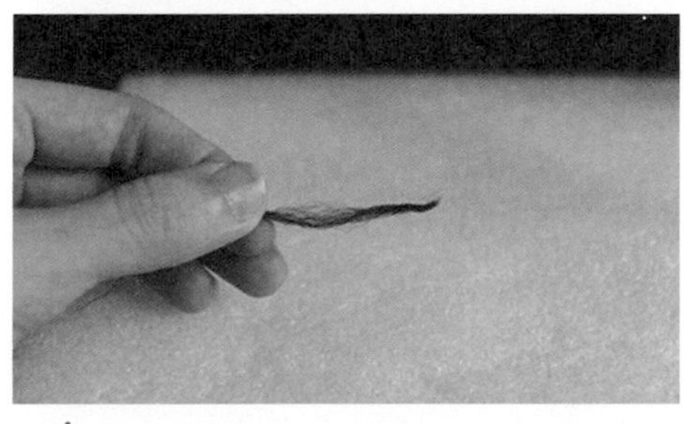

4/ 製作羊羊的人中前先將黑色羊毛、以手指捻成細線。

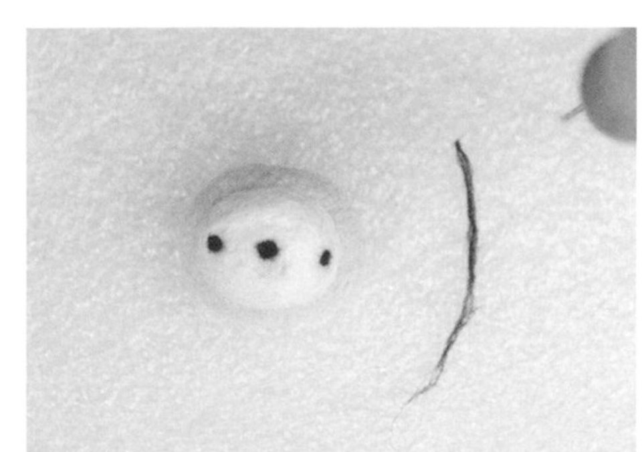

5/ 將準備好的細線、放在鼻頭與嘴部中間的位置、並使用細針戳刺固定、即可做出羊羊的人中。

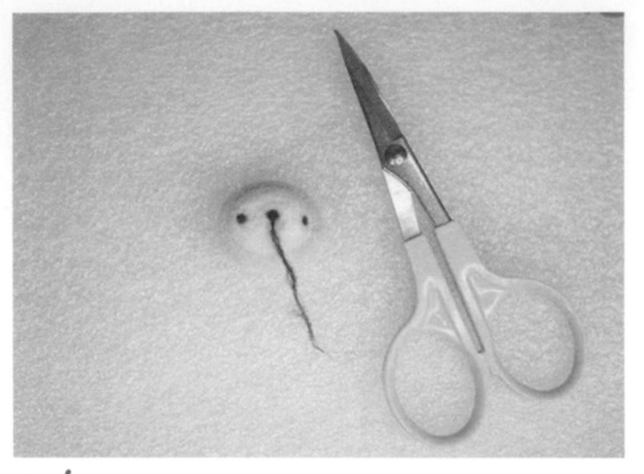

6/ 做完羊羊的人中可使用剪刀剪掉多餘的細線並以相同作法做出下嘴線、嘴角的兩端較細。

／加上腮紅

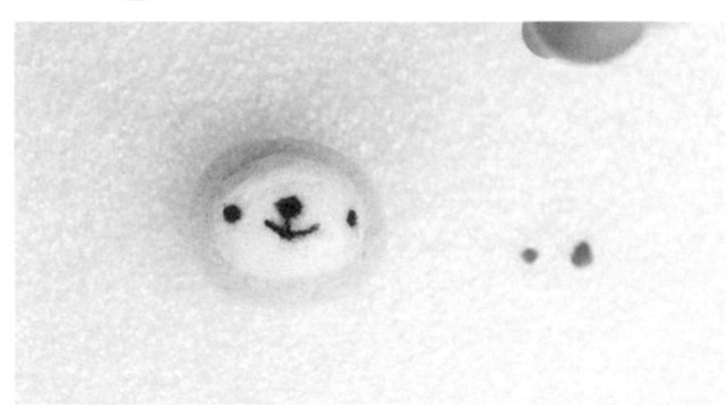

1/ 將粉紅色羊毛、以手指捻成圓球、參照成品圖使用細針將腮紅對準接合處固定。

／製作耳朵

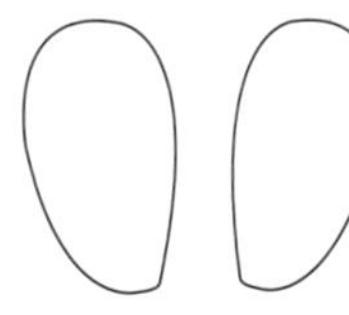

耳朵(2個)
正面 & 側面
厚度相同

版型比例為1:1
製作時請反覆比對。

1/ 對照耳朵版型的長度撕取所需要的羊毛。

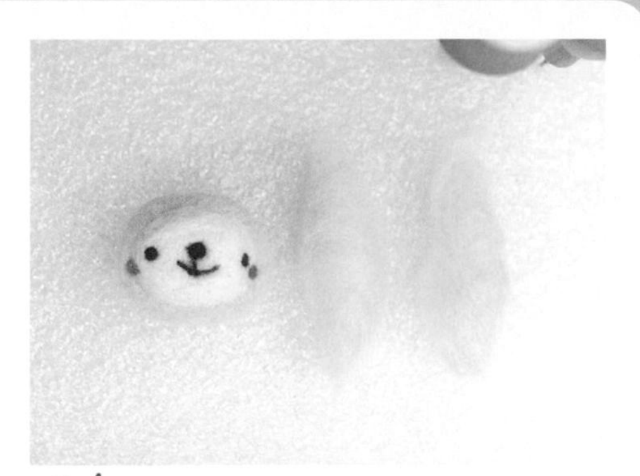

2/ 將羊毛捲到比1:1版型略大一點。

3/ 不斷翻轉羊毛同時不斷戳刺、製作時請反覆比對1:1比例版型、若偏小則再加羊毛繼續戳大。

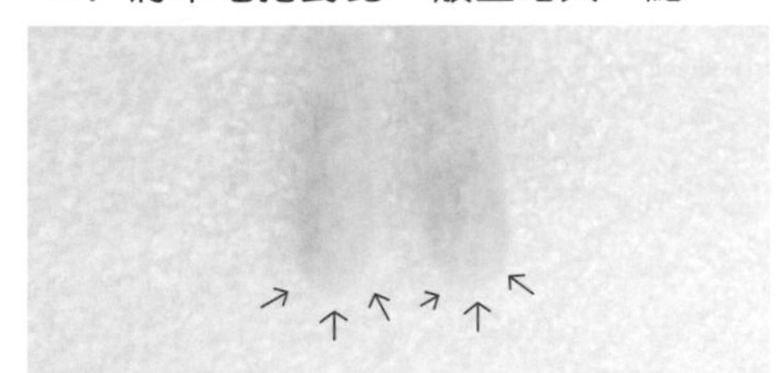

4/ 細節部分使用細針戳刺、戳刺方向需照著弧度方向、同時邊戳邊捏、像捏黏土一樣塑型、趁羊毛彭起來前趕緊用戳針戳刺固定形狀。

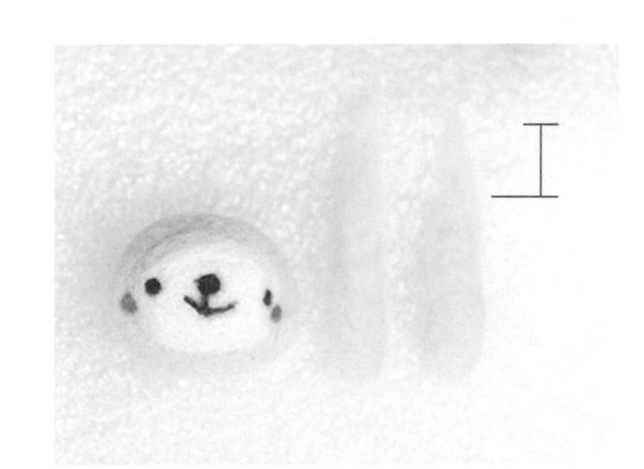

5/ 留一截羊毛不要戳、等與頭部接合時戳。

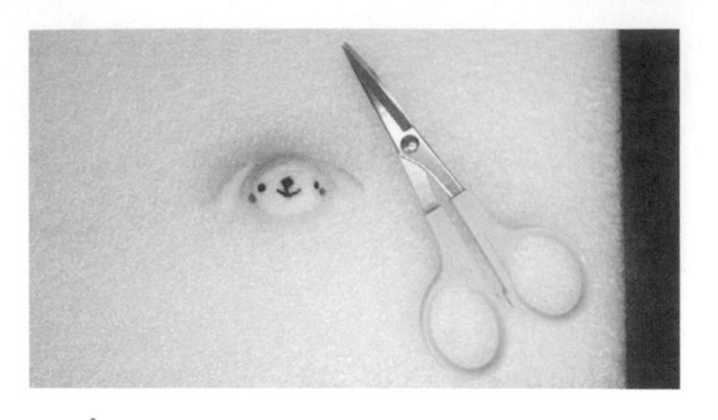

6/ 將耳朵接在接合處、並將多餘的細毛修剪掉。

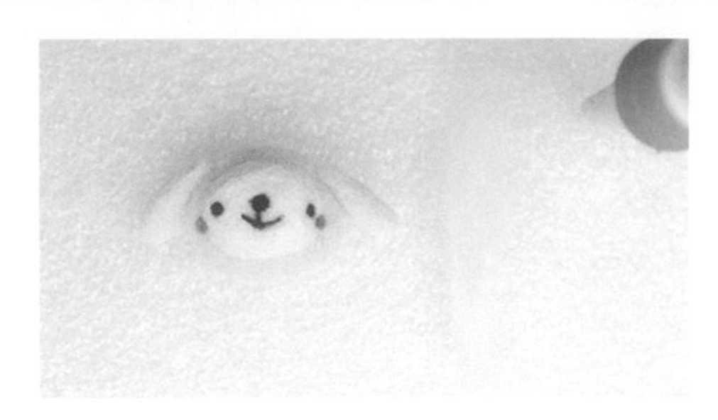

7/ 戳一片薄片羊毛蓋住接合處凸出地方讓表面滑順。

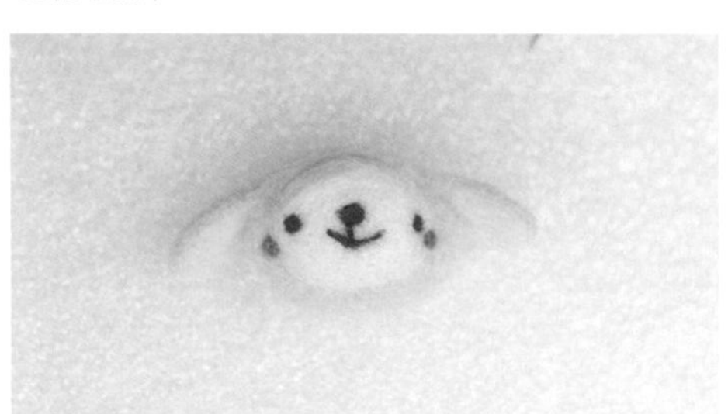

8/ 耳朵接合完成。

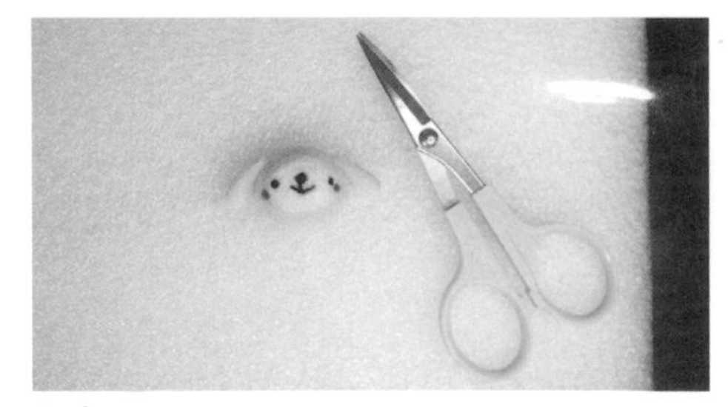

9/ 耳朵完成後使用剪刀將多餘的細毛修剪掉。

/ 製作瀏海

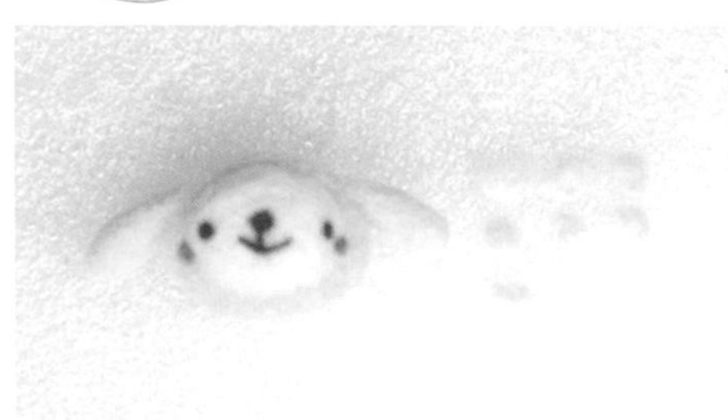

1/ 用手戳出七顆小圓球。

2/ 將小圓球放在瀏海接合處以鼻子為中心點用細針戳刺、（先戳中間的瀏海再陸續戳兩側瀏海）。

身體製作

左手

版型比例為1:1
製作時請反覆比對。

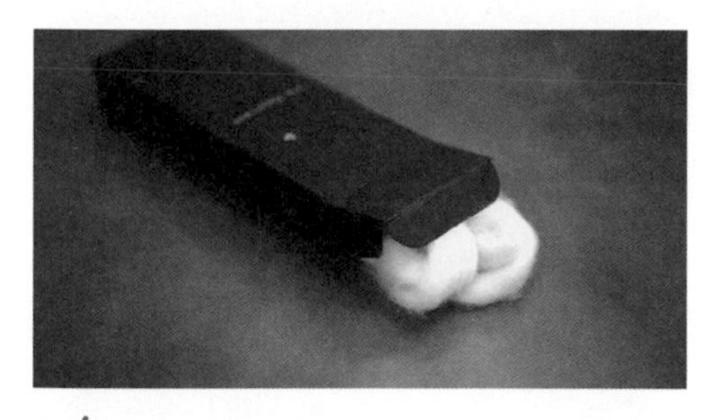

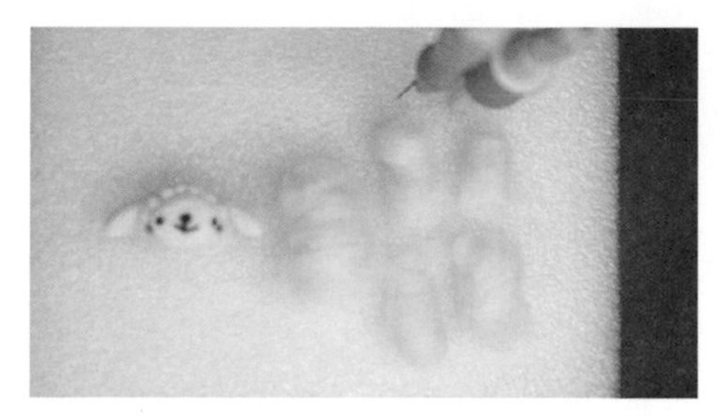

1/ 對照身體版型的長度撕取所需要的羊毛。2/ 將羊毛捲到比1:1版型略大一點。
3/ 不斷翻轉羊毛同時不斷戳刺、製作時請反覆比對1:1比例版型、若偏小則再加羊毛繼續戳大。

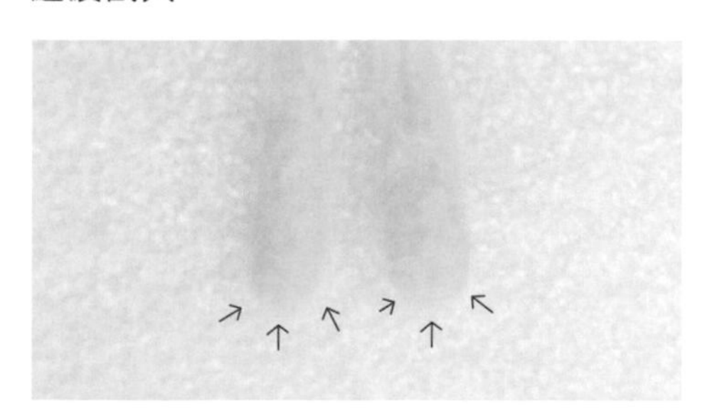

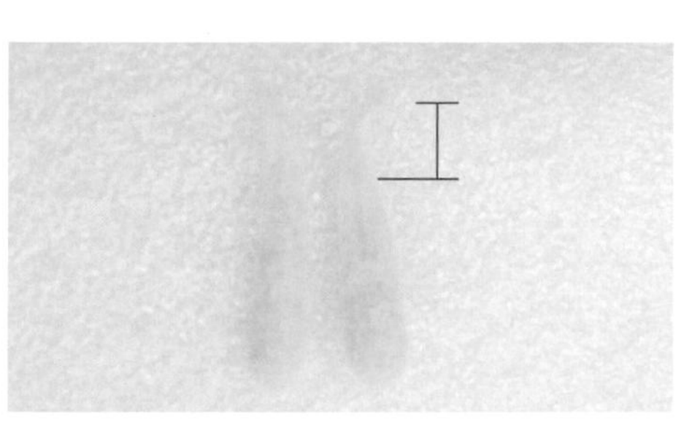

4/ 細節部分使用細針戳刺、戳刺方向需照著弧度方向、同時邊戳邊捏、像捏黏土一樣塑型、趁羊毛彭起來前趕緊用戳針戳刺固定形狀。5/ 留一截羊毛不要戳、等與頭部接合時戳。

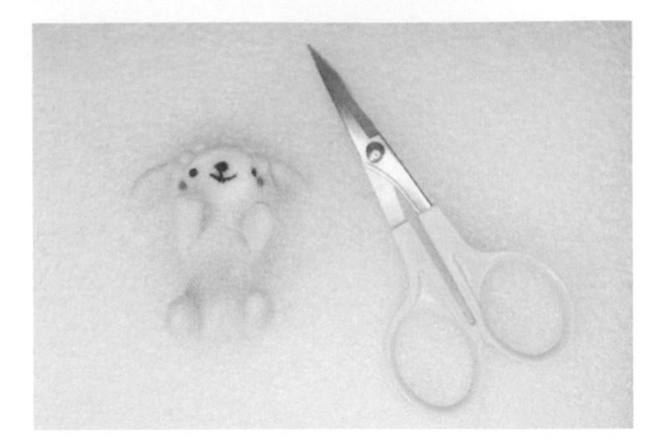

6/ 將頭與身體結合。7/ 戳薄薄一片羊毛蓋住接合處凹凸不平地方、羊毛片邊緣不要戳刺、這樣表面才會自然順滑、可多加幾片羊毛片直到理想中身型出現。8/ 身體完成後使用剪刀將多餘的細毛修剪掉。

/ 加上焦糖拿鐵白點點杯子

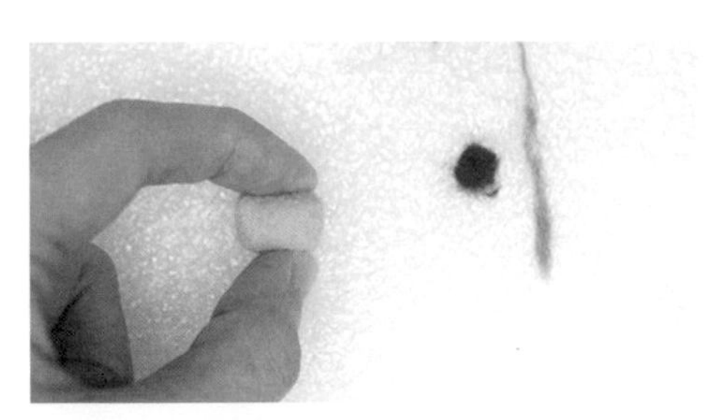

1/ 將土耳其色羊毛、捲成杯子形狀、一開始使用三針戳針戳刺、細節換成細針戳、用大拇指和食指壓緊杯子戳會更緊實。

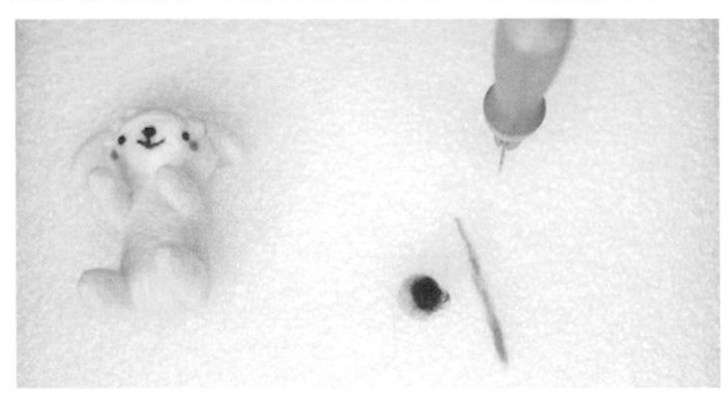

2/ 戳一片深咖啡色圓形羊毛在杯口處製作咖啡。

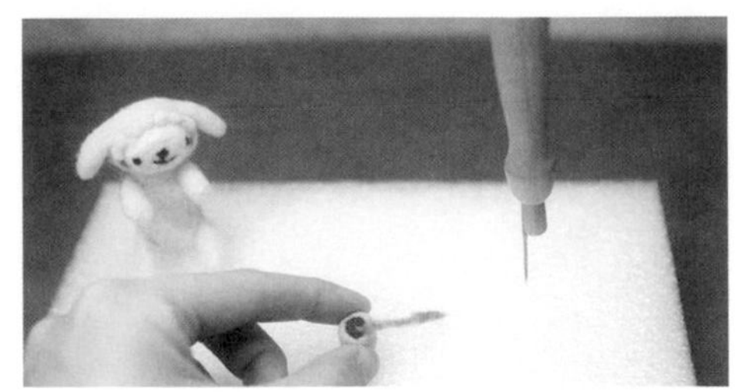

3/ 將咖啡色羊毛用手戳成長條線、螺旋狀戳刺在杯子口上、製作焦糖漩渦。

4/ 將白色羊毛用手戳成小圓球、戳刺在杯身處。

5/ 使用熱融槍將杯子黏在羊羊雙手中。

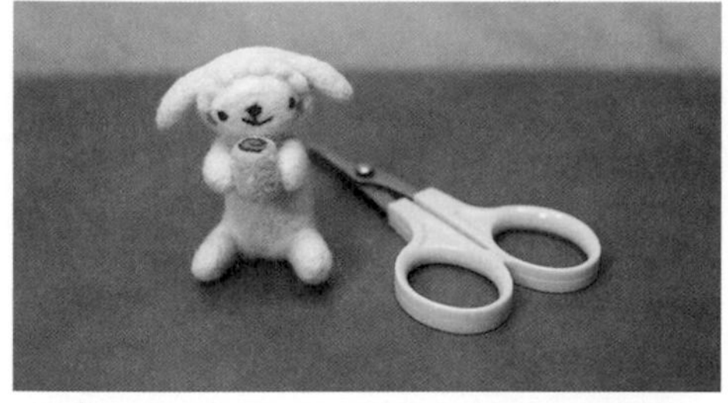

6/ 使用小剪刀、剪掉多餘的小細毛。

7/ 愛喝焦糖拿鐵的羊羊完成囉!!

羊羊正面

羊羊右面

羊羊背面

羊羊左面

製作獨角獸飛天車需要羊毛的份量

藍色/8g　白色/5g　黑色/少量
黃色/少量　橘色/少量

製作頭部

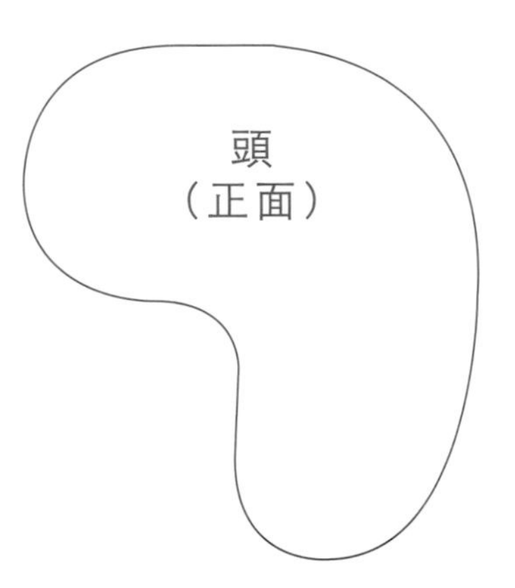

版型比例為1:1
製作時請反覆比對。

1/ 對照頭部版型的長度撕取所需要的羊毛。

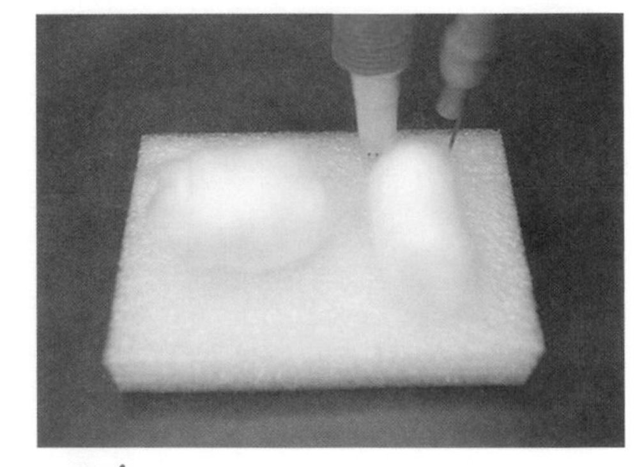

2/ 將羊毛捲到比1:1版型略大一點。

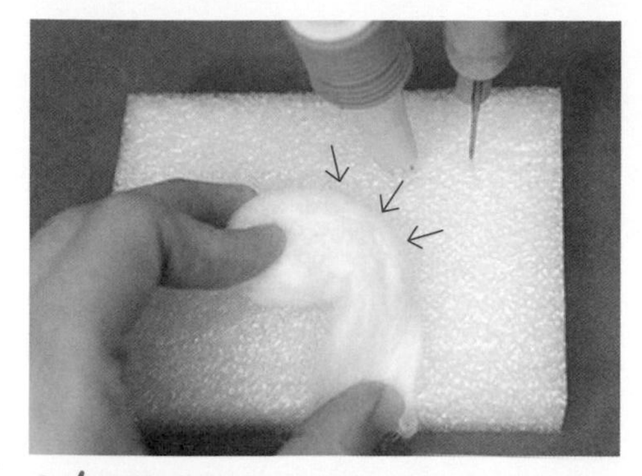

3/ 將羊毛尾端彎出獨角獸的形狀戳刺、戳刺方向沿著頭型弧度戳刺。
4/ 加一片羊毛片在脖子部位戳刺。

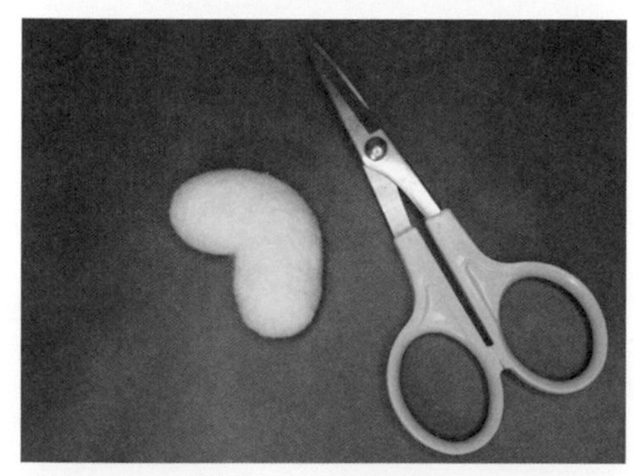

5/ 使用小剪刀、剪掉多餘的小細毛。

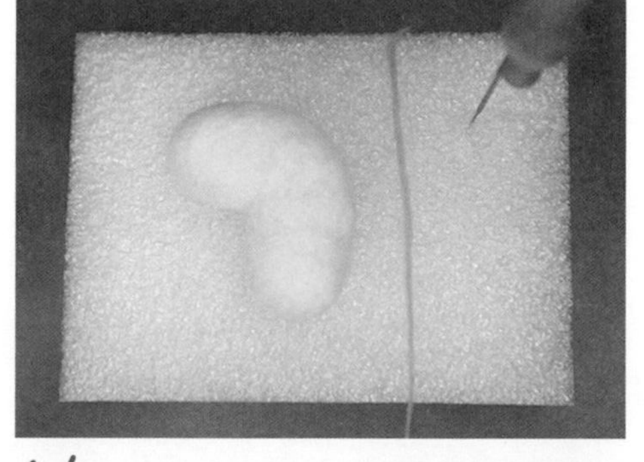

6/ 將水藍色羊毛、以手指捻成細線。

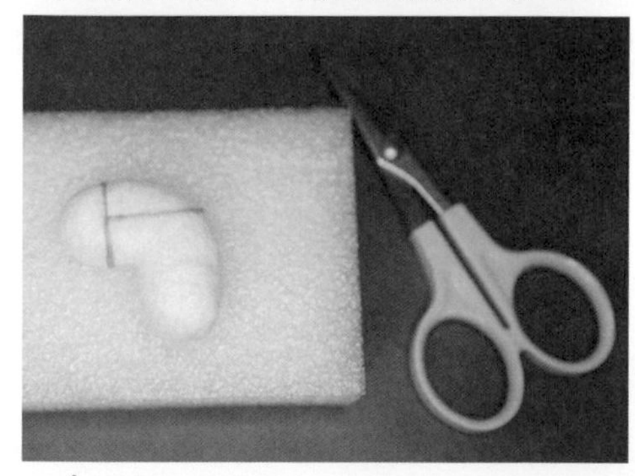

7/ 將細線戳刺在接合點、使用小剪刀剪去多餘的線。8/ 背面也要戳刺。

製作獨角獸飛天車耳朵

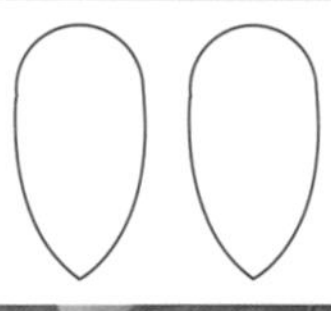

版型比例為1:1
製作時請反覆比對。

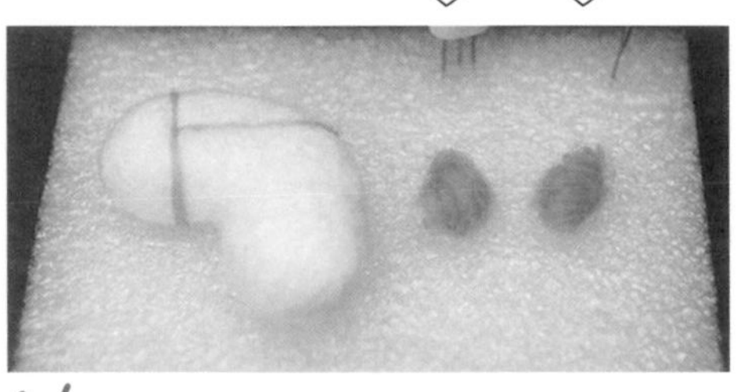

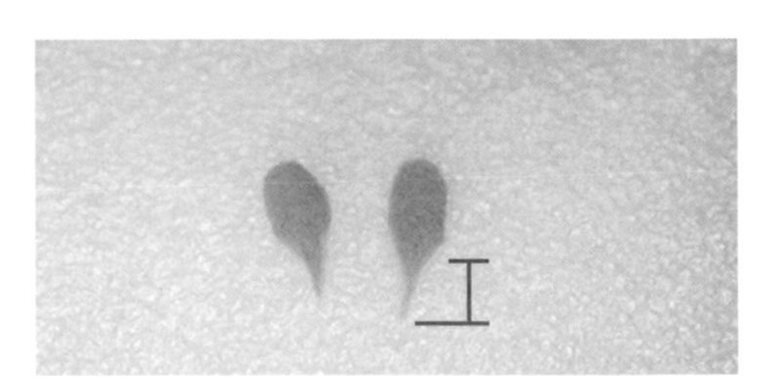

1/ 對照頭部版型的長度撕取所需要的羊毛、將羊毛捲到比1:1版型略大一點戳刺。
2/ 耳朵尾端留一小段羊毛不要戳刺。

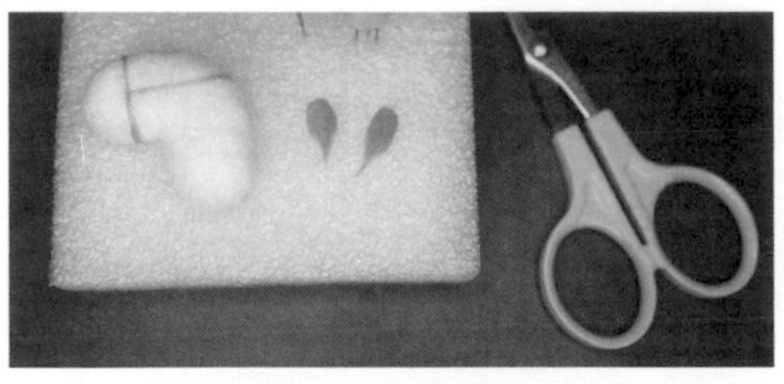

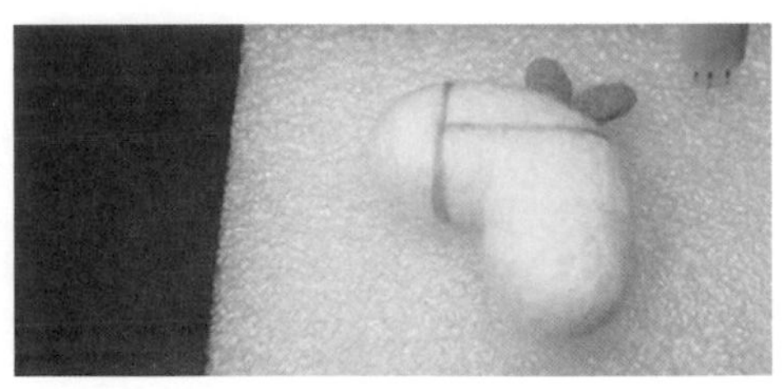

3/ 將耳朵戳刺在接合處。4/ 使用小剪刀、剪掉多餘的小細毛。

製作獨角獸飛天車眼睛

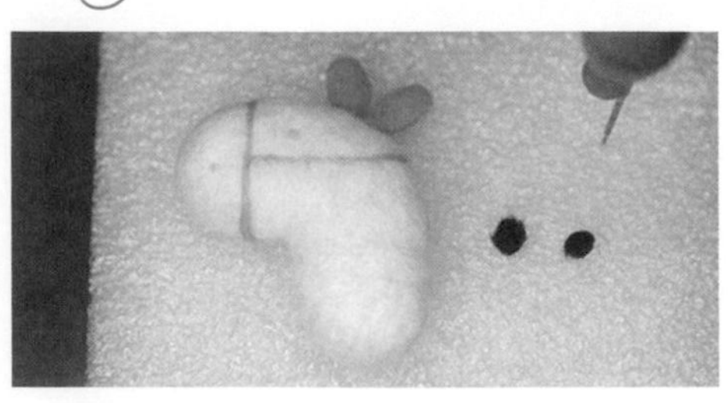

1/ 使用記號筆畫出眼睛鼻子位置。
2/ 取少量黑色羊毛、放在工作墊上輕輕戳出眼睛鼻子形狀。

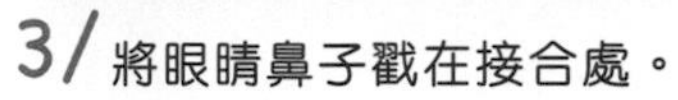

3/ 將眼睛鼻子戳在接合處。

製作獨角獸飛天車獨角

版型比例為1:1
製作時請反覆比對。

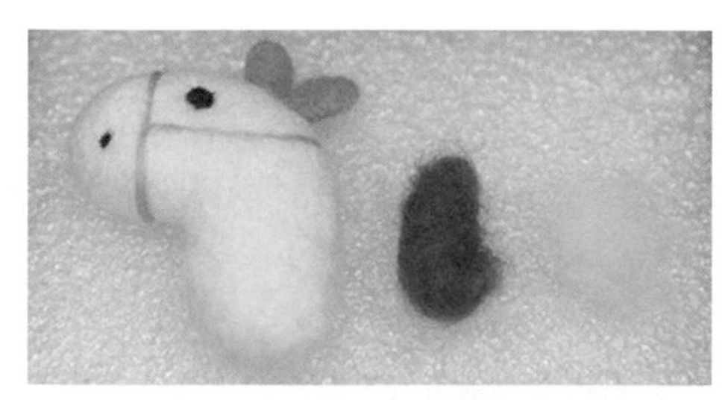

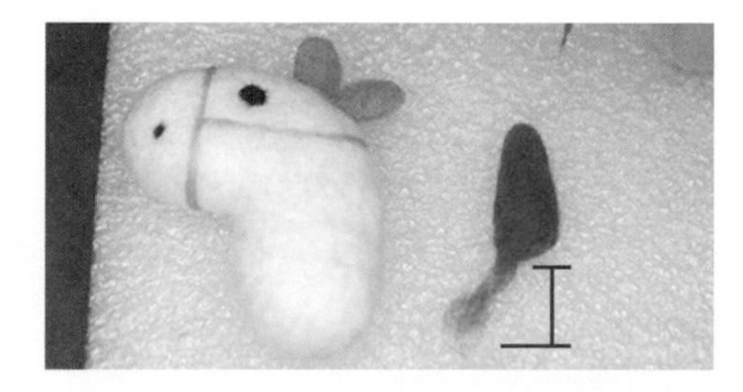

1/ 對照獨角版型的長度撕取所需要的羊毛、將羊毛捲到比1:1版型略大一點戳刺。
2/ 獨角尾端留一小段羊毛不要戳刺。

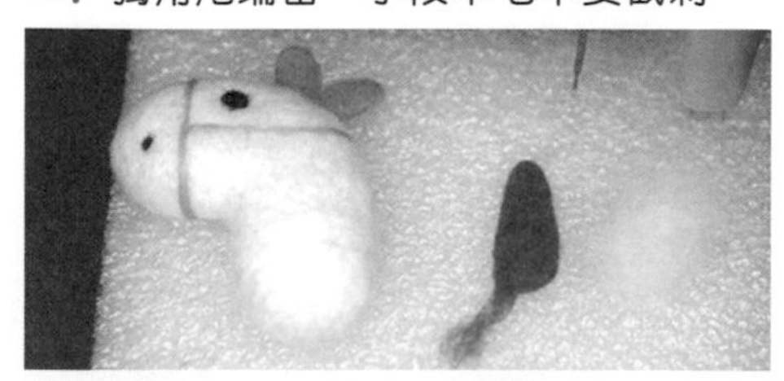

3/ 撕一點黃色羊毛、戳刺在獨角上端形成漸層顏色。
4/ 將獨角放在接合處戳刺。

製作獨角獸飛天車馬鬃

版型比例為1:1
製作時請反覆比對。

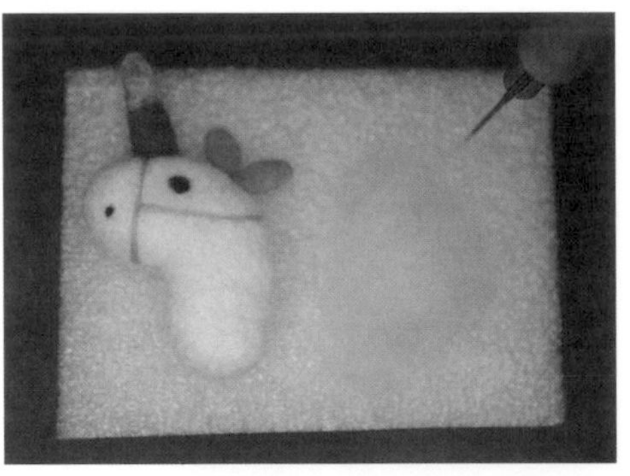

1/ 對照獨角版型的長度撕取所需要的羊毛、將羊毛捲到比1:1版型略大一點戳刺。

2/ 獨角尾端留一小段羊毛不要戳刺。

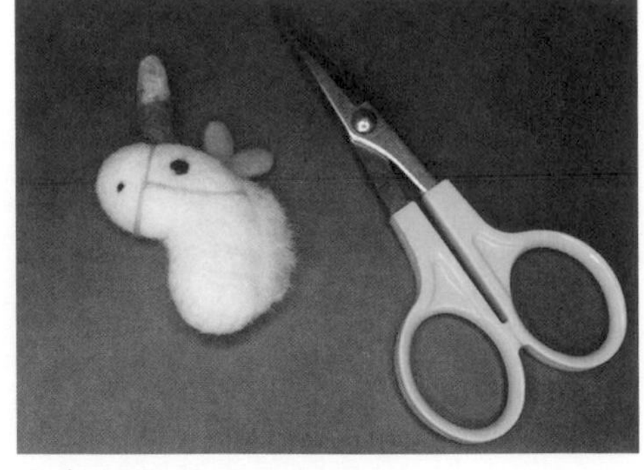

3/ 使用小剪刀修剪馬鬃長度。

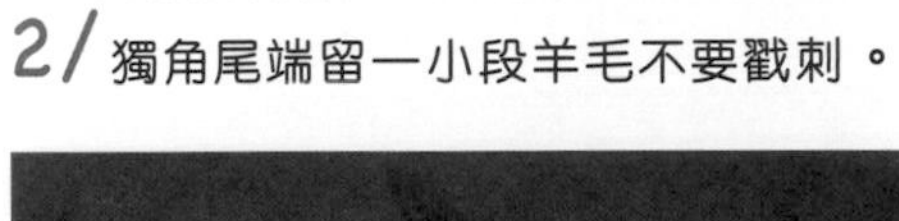

製作獨角獸飛天車坐墊

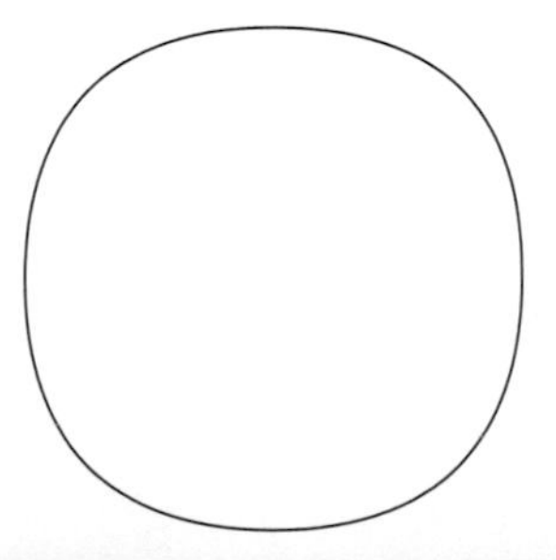

版型比例為1:1
製作時請反覆比對。

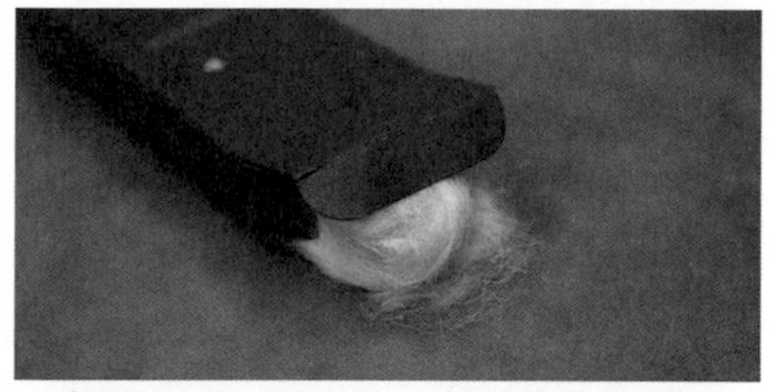

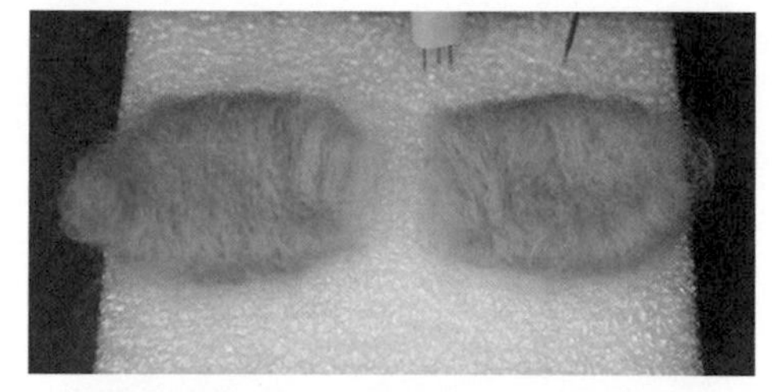

1/ 對照坐墊版型的長度撕取所需要的羊毛、將羊毛捲到比1:1版型略大一點戳刺。

2/ 坐墊戳刺完放上幸福兔和羊羊量坐墊尺寸、太小的話可增加羊毛繼續戳刺。

3/ 將白色羊毛、以手指捻成細線。

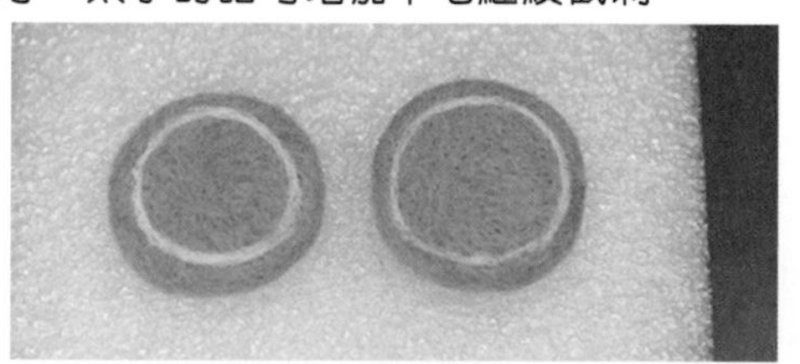

4/ 將白線戳刺在接合處。

製作獨角獸飛天車輪子

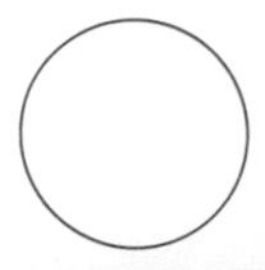

版型比例為1:1
製作時請反覆比對。

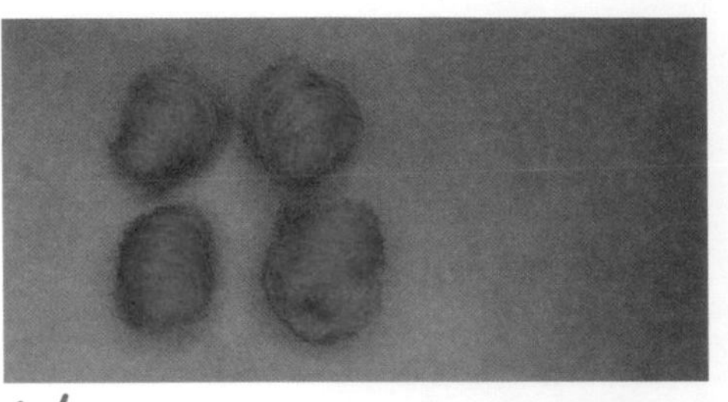

1/ 對照坐墊版型的長度撕取所需要的羊毛、將羊毛捲到比1:1版型略大一點戳刺。

2/ 用大拇指和食指壓緊輪子戳會更緊實。

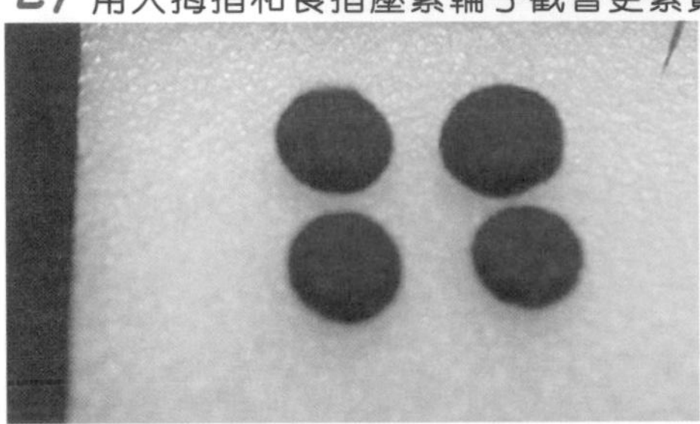

3/ 輪胎完成!

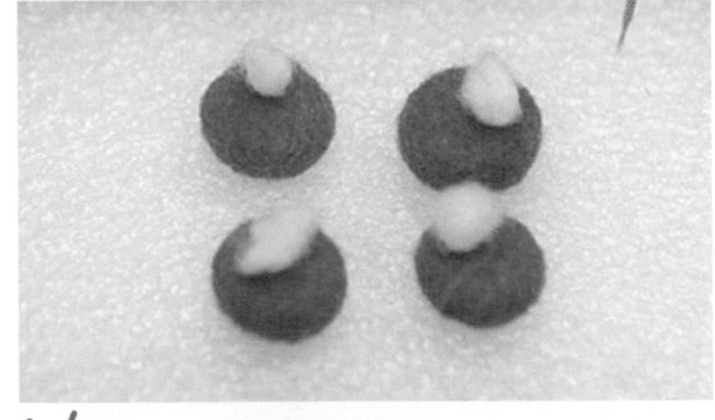

4/ 撕取白色羊毛用手戳出圓球、戳刺在輪子側邊製作輪框。

5/ 輪框完成!

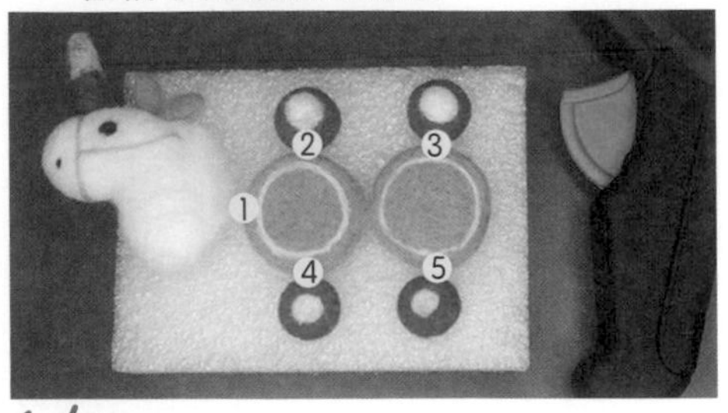

6/ 使用熱融槍、將五處黏合處黏接。

幸福兔和羊羊的
羊毛氈日記 1 Day
浪漫遊星空之旅

作　　者 余小敏
美編設計 余小敏
攝　　影 余小敏
發 行 人 愛幸福文創設計
出 版 者 愛幸福文創設計
新北市板橋區中山路一段160號
發行專線 0936-677-482
代 理 商 白象文化事業有限公司
台中市東區和平街228巷44號
電話 (04)22208589
印　　刷 卡之屋網路科技有限公司
初版一刷 2021年10月

幸福兔
今天要慶祝幸福兔搬新家
動物們約好了要
一起到公園吃早餐

羊羊
羊羊每天的早餐
都習慣用一杯拿鐵
開啟一天的儀式感
喝一口拿鐵
就覺得好有精神好幸福呦~

幸福兔
幸福兔點了一杯
溫溫的鮮奶!
鮮奶上面的草莓果醬
變成粉紅色的漩渦
幸福兔覺得粉紅色的漩渦
好漂亮好漂亮看著看著~
就覺得好幸福!

小麻雀
小麻雀剛吃完
地上的麵包屑~
經過動物們前面
小麻雀看到有一個
蘑菇椅子沒有人坐!
很有禮貌的問:
『請問這裏可以坐嗎』?

睡覺熊
為了今天的早餐會~
睡覺熊昨晚興奮得睡不著覺!
所以等到大家都到齊了
就不小心睡著了~
和好朋友聚在一起真幸福!

動物們都覺得小麻雀好有禮貌!
想和小麻雀當朋友~
和有禮貌的朋友一起相處很幸福!

7/ 獨角獸飛天車黏接完成!

8/ 邀請幸福兔和羊羊坐坐看。

/製作幸福屋

屋頂

版型比例為1:1
製作時請反覆比對。

1/ 對照屋頂版型的長度撕取所需要的羊毛、將羊毛捲到比1:1版型略大一點戳刺。

屋身

版型比例為1:1
製作時請反覆比對。

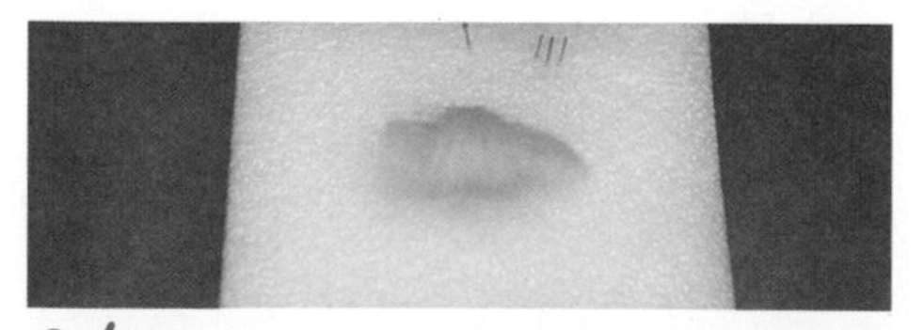

2/ 對照屋身版型的長度撕取所需要的羊毛、將羊毛捲到比1:1版型略大一點戳刺。

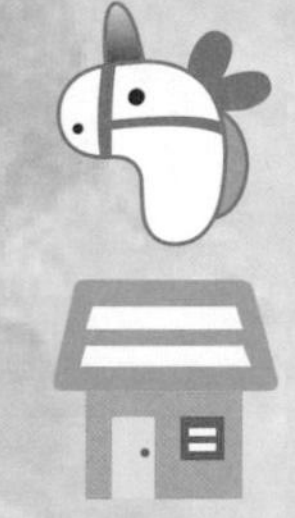

3/ 使用熱融槍、將屋頂和屋身黏合。

4/ 黏合完成。

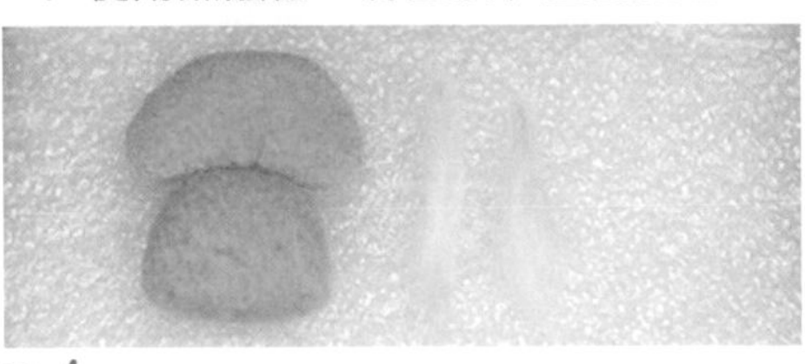

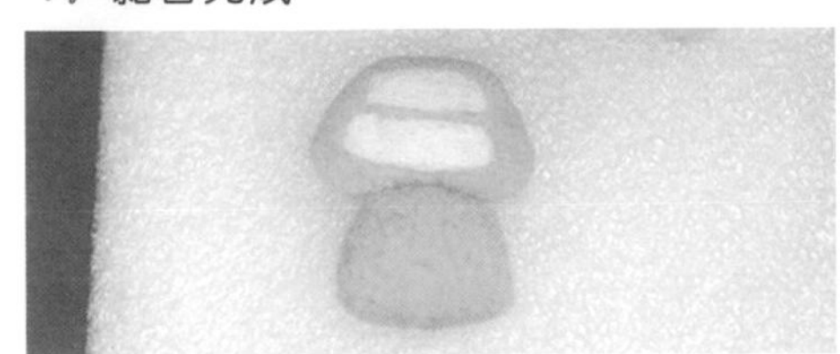

5/ 撕取白色羊毛、戳刺在屋頂上。

6/ 製作幸福屋的門、撕取黃色羊毛戳刺在屋身上。

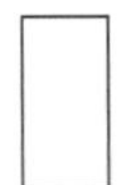

版型比例為1:1
製作時請反覆比對。

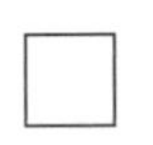

版型比例為1:1
製作時請反覆比對。

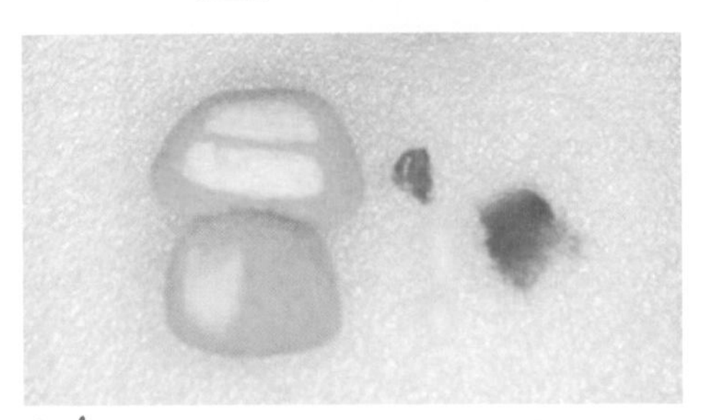

6/ 製作幸福屋的門把和窗戶、撕取桔色和白色羊毛戳刺在屋身上。

7/ 幸福屋完成囉！！

／製作幸福雲朵

版型比例為1:1
製作時請反覆比對。

1／對照屋頂版型的長度撕取所需要的羊毛、將羊毛捲到比1:1版型略大一點戳刺。

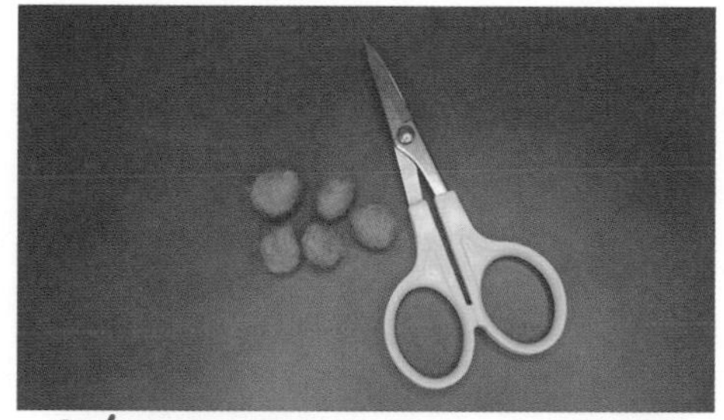

2／戳五顆圓球、並使用小剪刀將多餘的細毛修剪掉。

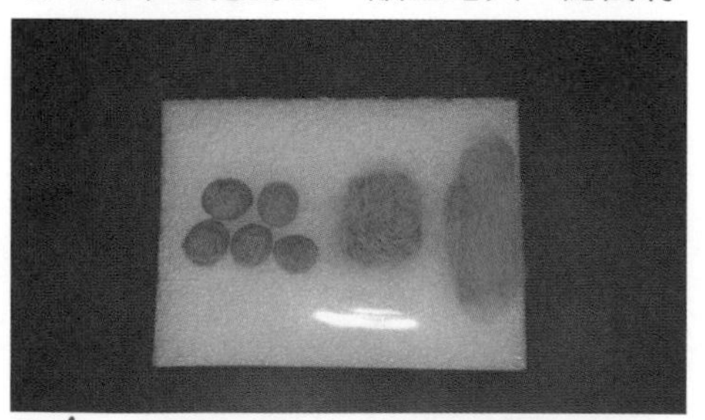

3／戳薄薄的羊毛片兩片鋪在圓球前後。

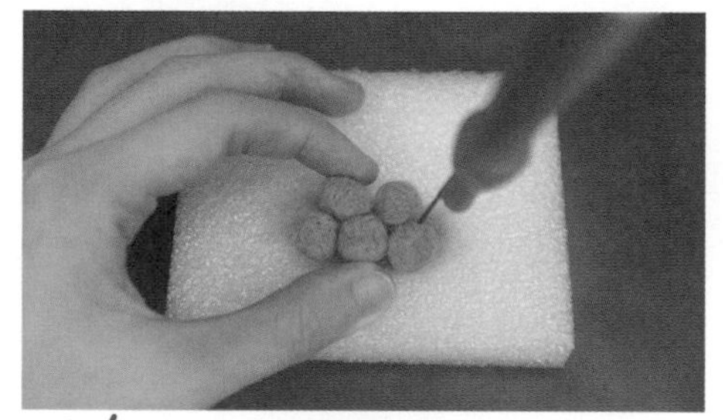

4／將薄片與圓球戳合。

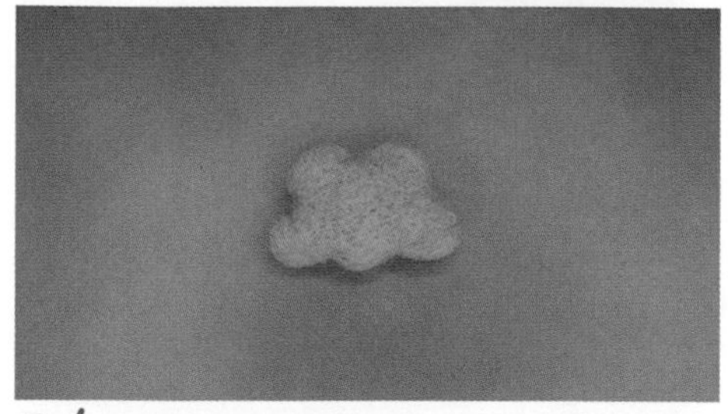

5／幸福雲朵完成囉！！

1 藍精靈

藍精靈送羊羊一對魔毯
祝福羊羊找到喜歡的人
過著幸福快樂的日子！

2 羊羊

羊羊好開心、好喜歡這份禮物！
羊羊為魔毯加上了一隻獨角獸
方向盤！改裝成了一台飛天車！
羊羊還約了可愛的幸福兔浪漫
遊星空～

3 小熊貓

幸福兔發現月亮上
有一隻小熊貓在睡覺！
原來動物們來到了
小熊貓在天上的家！

4 洋芋片

他們看到
小熊貓正在做夢
夢到正在吃～
好吃的洋芋片！

5 瑞士捲

小熊貓吃完洋芋片
又接著吃了一個
草莓瑞士捲～
看來小熊貓今晚
做了一個甜美的夢！

6 幸福兔

幸福兔好喜歡
這次的約會呦～
和喜歡的人
一起遊星空～
好浪漫好幸福！

7 幸福屋

羊羊好喜歡
可愛的幸福兔
在心裡偷偷許願
要有一間幸福屋
能和幸福兔住在裡面
每天都過的好幸福！